FORSCHUNGSBERICHTE DES LANDES NORDRHEIN-WESTFALEN

Nr. 1110

Herausgegeben
im Auftrage des Ministerpräsidenten Dr. Franz Meyers
von Staatssekretär Professor Dr. h. c. Dr. E. h. Leo Brandt

Prof. Dipl.-Ing. Wilhelm Sturtzel
Dipl.-Ing. Hermann Schmidt-Stiebitz

Versuchsanstalt für Binnenschiffbau e. V., Duisburg
Institut an der Technischen Hochschule Aachen

Untersuchung der Wasserspiegelabsenkung um ein Flachwasserschiff

45. Mitteilung der VBD

Springer Fachmedien Wiesbaden GmbH

ISBN 978-3-663-06462-6 ISBN 978-3-663-07375-8 (eBook)
DOI 10.1007/978-3-663-07375-8

Verlags-Nr. 011110

Ursprünglich erschienen bei Westdeutscher Verlag 1962
Gesamtherstellung: Westdeutscher Verlag ·

Inhalt

1. Einführung 7

2. Übersicht über die Versuche 8

3. Durchführung der Versuche 9

4. Ergebnisse 10

   4.1 Vergleich der Meßwerte nach Verfahren 1, 2 und 3 10

5. Vergleich von Flach- und Tiefwassererscheinungen 12

   5.1 Wellenhöhe und Absenkung 15

   5.2 Spiegelveränderungen infolge der Trochoide 15

   5.3 Spiegelveränderungen infolge Wellenzahl 16

   5.4 Negative Wölbung 16

6. Zusammenfassung 18

7. Literaturverzeichnis 19

1. Einführung

Da zur Ermittlung der Wasserspiegelabsenkung um ein Flachwasserschiff bisher im Modellversuch immer die Absenkung des Modells gegenüber Meßwagen gemessen wurde, bestand noch Unklarheit darüber, ob die Modellabsenkung mit der Spiegelabsenkung gleichzusetzen ist oder ob etwa die strömungsbedingte Druckverteilung durch dynamische Kräfte eine Veränderung am statischen Auftrieb des Schiffes vornimmt. Klarheit über die Absolutbeträge der Spiegelabsenkung zu erhalten, ist für die Beurteilung der Manövriereigenschaften einzelner Schiffe, wie mehrerer, dicht aneinander vorbeifahrender Schiffe, wie es der gegenwärtige Verkehr auf den Binnenwasserstraßen ergibt, äußerst wichtig.

2. Übersicht über die Versuche

Kanal	großer Flachwassertank der VBD L = 148 m B = 9,8 m stehendes Wasser H_W = 330, 450 (600 Modell 2), 700 (800 Modell 1) mm
Modelle	1. M 198 L = 5000 mm B = 500 mm Spiegelheck δ = 0,5 Tg = 102,5 mm V = 128 dcm^3 Schwerpunkt 1,485% L hinter Spt 5
	2. M 228 L_{KWL} = 4062 mm B = 510 mm Schutenform mit Rechteckgrundriß δ = 0,785 Tg = 140 mm V = 228 dcm^3 Schwerpunkt auf Spt 5
Anhänge	keine
Turbulenzerzeuger	Stolperdraht 1 mm ⌀ Spt 9,5 und 8,5
Widerstands- und Fotofahrten	v = 0,5 m/s bis v_{max} mechanische Messung von Widerstand, Absenkung gegenüber Meßwagen und Trimm, gleichzeitig Fotos von dem Wellenbild an der Schiffsseite mit der Plattenkamera »Plaubel« und Serienfotos mit Robot-Royal eines neben der Bordwand auf Tankboden stehenden Stabgitters mit Höhenmaßstab während der Durchfahrt des Modells

3. Durchführung der Versuche

Zur Ermittlung der Wasserspiegelabsenkung um ein Flachwasserschiff wurde 1. in der herkömmlichen Weise die Absenkung des Modells gegenüber Meßwagen ermittelt, 2. gleichzeitig das seitliche Wellenbild am Modell fotografiert zwecks Integration der in der Bewegung vorhandenen Verdrängung und Gegenüberstellung dieser zur Verdrängung im Ruhezustand und 3. das Wellenbild der Wasseroberfläche an einem im Quadrat neben der Fahrbahn auf dem Tankboden stehenden Stabgitter fotografiert zwecks Messung der Spiegelunterschiede gegenüber Ruhewasser. Verwendet wurden zwei bereits bekannte Modelle, von denen das erste, M 198 (Abb. 1), wegen Spiegelheck für größere Fahrgeschwindigkeiten geeignet war. Es besaß eine in der Draufsicht wenig gewölbte Seitenwand und war deswegen für die Fotoauswertung besonders geeignet. Zur weiteren Erleichterung der Verdrängungsintegration wurde für das zweite, Modell eine Schutenform mit parallelen Seitenwänden, M 228 (Abb. 2), ausgesucht. Seine Höchstgeschwindigkeit war durch den steilen Widerstandsanstieg vor v_{krit} begrenzt.

4. Ergebnisse

4.1 Vergleich der Meßwerte nach Verfahren 1, 2 und 3

Die Absenkung des Modells gegenüber Meßwagen (Verfahren 1) (Abb. 3 und 7) verläuft wie in den bisherigen Untersuchungen. Mit wachsender Geschwindigkeit nimmt die Absenkung zu. Zu Beginn des steilen Widerstandanstiegs erreicht sie ihren Maximalwert, von dem sie bis zur Mitte des steilen Widerstandanstiegs auf Null abfällt. Bei noch weiterer Geschwindigkeitssteigerung wird die Absenkung negativ. Den (absolut) größten Negativwert besitzt sie im Bereich der Geschwindigkeit, bei der der Widerstand nach dem Maximum (Abb. 4) wieder kleiner wird. Bei noch höheren Geschwindigkeiten fällt die negative Absenkung asymptotisch auf Null ab. Die Mittelung zwischen den beiden Absenkungsmaxima (im Positiven und Negativen) ergibt für die untersuchten, etwa 5 m langen Modelle positive Absenkungen von 5 bis 7 mm [8 Forts., Scht. 25]. Ergebnisse von Fahrten verschiedenen Flachwasserverhältnisses sind weniger durch Änderung der Absolutwerte als mehr durch eine Verschiebung der Charakteristiken auf der Geschwindigkeitsabszisse entsprechend $v_{Stau} = \sqrt{gh}$ gekennzeichnet (Abb. 3).
Die nach dem Meßverfahren 2 aus dem an der Schiffsseitenwand fotografierten Wellenbild errechnete Verdrängung (Abb. 3 und 7 unten) wird mit wachsender Geschwindigkeit größer als die auf der Waage vor dem Versuch bestimmte Modellverdrängung. Für die Integration sind die Wellenkonturen der Back- und Steuerbordseite in Schiffsquerebene horizontal verbunden worden. Aus diesem Ergebnis ist auf das Vorhandensein einer dynamischen Abtriebskraft zu schließen, die das Schiff als Funktion seiner Geschwindigkeit über sein Gewichtsmaß hinaus gegenüber Wasserspiegel eintauchen läßt. Das würde also bedeuten, daß die nach Verfahren 1 gemessene Modellabsenkung größer als die Wasserspiegelabsenkung ist. Die aus dem Verdrängungsunterschied errechnete Eintauchung des Modells gegenüber Wasserspiegel betrug im Mittel bei $v = 2{,}0$ m/s etwa 3 mm.
Zu einem etwa gleichlautenden Schluß kommt man nach dem Meßverfahren 3 (Abb. 3 und 7). Der Wasserspiegel sinkt an den auf dem Tankboden aufstehenden Gitterstäben in unmittelbarer Nähe neben der Bordseitenwand um einen etwa 5 mm geringeren Betrag ab als das Modell gegenüber Meßwagen. Das Stabgitter hatte noch weitere Meßebenen in größerem Abstand von Bordseitenwand. Die Auswertung der Spiegelabsenkung in Fahrtrichtungsquerebene (Abb. 5 und 6) zeigt für die Wasseroberfläche flache Muldenprofile, deren Auslauf in den Ruhewasserspiegel zum Tankrand hin anzunehmen ist. Die größere Differenz bei Verfahren 3 gegenüber 2 dürfte infolge des Muldenanstiegs von Schiffsmitte (Verfahren 2) bis zur Meßebene des Verfahrens 3 zustande kommen. Die Mulde bleibt auch bei den Fahrtzuständen erhalten, bei denen die Modellabsenkung gegenüber

Meßwagen negativ wird. Man kann also mindestens für diese Fälle als weitere Erscheinung im Gebiet außerhalb der Mulde eine ringförmige Erhebung über den Ruhewasserspiegel annehmen (Abb. 25).

In diesem Zusammenhang scheinen frühere [8, FB 691] Versuche erwähnenswert zu sein, bei denen das Modell an zwei langen Pendelstangen aufgehängt und die auftretenden Vertikalkräfte mit Dehnungsmeßstreifen an den Gelenkfedern der Pendel gemessen wurden. Die aus dem Quotient der Summe der Vertikalkräfte und der Wasserlinienfläche ermittelte Absenkung des Wasserspiegels war in der Mehrzahl der wenigen durchgeführten Messungen kleiner als die Modellabsenkung des freischwimmenden Modells bei gleichen Geschwindigkeiten. Die Größenordnung der Differenz ist etwa dieselbe wie bei den vorliegenden Versuchen.

Wenn infolge der zusätzlichen dynamischen Strömungsvorgänge die im Mittschiffsbereich großer Verdrängungsanteile vorherrschenden Unterdrucke am horizontalen Schiffsboden das freifahrende Schiff gegenüber Wasserspiegel eintauchen lassen, so werden am pendelnd aufgehängten Modell die gleichen Unterdrücke rückwirkend den Wasserspiegel gegenüber Modell anheben.

5. Vergleich von Flach- und Tiefwassererscheinungen

Wie J. Kreitner [4] kann man mit Hilfe der Kontinuitäts- und der Bernouilli-Gleichung den Nachweis für Spiegelabsenkungen und -Erhebungen bei Fahrt auf flachem Wasser erbringen. Jedoch scheinen die verwendeten Eingangsbedingungen nicht hinreichend zu sein, da im Modellversuch die Vergrößerung der Wasserhöhe keine Veränderung der maximalen Modellabsenkungen bei den kritischen Geschwindigkeiten bringt. Auch auf tiefem Wasser hat die Absenkungskurve über der Geschwindigkeit die gleichen Charakteristiken wie die auf flachem Wasser. Einen Vergleich zwischen den Erscheinungen auf flachem und tiefem Wasser liefert die allgemeine Wellengeschwindigkeitsgleichung

$$v = \sqrt{\frac{g \cdot \lambda}{2\pi} \operatorname{Tg} \frac{2\pi H}{\lambda}}$$

die für tiefes Wasser

$$\frac{H}{\lambda} \geqq \frac{1}{2}$$

wegen

$$\operatorname{Tg} \frac{2\pi H}{\lambda} \sim 1$$

in

$$v_{\text{Schwerew.}} = \sqrt{\frac{g \cdot \lambda}{2\pi}}$$

der Schwerewellen und für flaches Wasser

$$\frac{H}{\lambda} \leqq \frac{0{,}5}{2\pi}$$

wegen

$$\operatorname{Tg} \frac{2\pi H}{\lambda} \sim \frac{2\pi H}{\lambda}$$

in

$$v_{\text{Stau}} = \sqrt{gH}$$

der sogenannten Stauwelle übergeht.

Für die Annahme $v_{Stau} = v_{Schwere}$ muß werden

$$H_{Stau} = \frac{\lambda}{2\pi} = 0{,}1592 \cdot \lambda$$

Bei Tiefwasserfahrt entspricht dieser Höhe ein Buckel in der Widerstandskurve bei einer FROUDEschen Zahl

$$\mathfrak{F} = \frac{v}{\sqrt{g \cdot L_{WL}}} = \sqrt{\frac{H}{L_{WL}}} = \sqrt{\frac{\lambda}{2\pi\lambda}} = \sqrt{0{,}1592} = 0{,}399$$

wobei sich über die Länge $L_{WL} = \lambda$ eine Welle ausbildet.
Auf flachem Wasser bleiben bei Annäherung an $v_{Stau} = \sqrt{g \cdot H}$ über der wellenbildenden Länge $L_W = \sigma \cdot L_{WL} = 2\lambda$ zwei Wellenzüge erhalten. Es wird damit

$$H_{Stau} = \frac{\lambda}{2\pi} = \frac{L_W}{4\pi}$$

Unterhalb dieser Grenzhöhe bleibt nach der Beobachtung in [8, Scht. 25] das Wellenbild an Schiffsseitenwand unbeeinflußt von der Geschwindigkeit starr erhalten, während sich auf größeren Höhen der mittlere Wellenberg mit wachsender Geschwindigkeit zurückverlagerte.
Nach der Ermittlung in [8, FB 691] bleibt unterhalb dieser Grenzhöhe

$$H_{Stau} = \frac{L_W}{4\pi}$$

der Schnittpunkt der Widerstandskurven auf halber Höhe des steilen Anstiegs mit einer von der Geschwindigkeit linear abhängigen Funktion identisch mit der dort als kritische Geschwindigkeit

$$v_{krit} = \sqrt{0{,}833\, gH}$$

gekennzeichneten, während auf größeren Höhen beide voneinander abweichen. Somit wird auch auf flachem Wasser die wellenbildende Länge L_W des Schiffes und mit ihr die Schiffslänge ein maßgebender Parameter.
Für die Trochoiden-Welle gleicht die oben beschriebene Wasserhöhe

$$H_{Stau} = \frac{\lambda}{2\pi} = R$$

dem Radius des Abwälzkreises.

Die Funktion für das Abklingen der Wellenamplituden mit zunehmender Wassertiefe lautet

$$\frac{r}{r_0} = e^{-\frac{2\pi y}{\lambda}} \qquad \text{(Abb. 18)}$$

so daß in der Tiefe $H_{Stau} = \frac{\lambda}{2\pi}$ die Wellenamplitude nur noch

$$\frac{r}{r_0} = \frac{1}{e}$$

beträgt.

Als Grenze von Flachwassererscheinungen war oben

$$\frac{H_{flach}}{\lambda} = \frac{1}{2}$$

eingesetzt worden, d. i.

$$H_{Flachw.} = \pi \cdot H_{Stau}$$

Die Wellenamplitude in dieser Tiefe unter Wasseroberfläche verringert sich auf

$$\frac{r}{r_0} = e^{-\frac{2\pi}{2}} = \frac{1}{e^{\pi}}$$

Die entsprechende FROUDE-Zahl für tiefes Wasser ist

$$\mathfrak{F} = \sqrt{\frac{H_{fl}}{\pi \cdot L_{WL}}} = \frac{0{,}399}{1{,}773} = 0{,}225$$

Zu der etwas größeren FROUDE-Zahl $\mathfrak{F} = 0{,}2475$ gehören $z = 4$ Halbwellen auf wellenbildende Länge. Es wird damit verständlich, weshalb bei höheren Geschwindigkeiten und gleichzeitiger Wasserhöhenbeschränkung das Abklingen der Wellenamplitude und auch der Wellenzahl $z = 4$ [8, Scht. 25] gehemmt wird. Mit dem früheren Ergebnis [8, Scht. 25], daß Flachwassererscheinungen mit größer werdender Wasserhöhe bei

$$H_W \gtrsim 12{,}5 \text{ Tg} \qquad \text{(Tiefgang)}$$

aufhören, d. h. H_W etwa $4\,\pi$ Tg beträgt, kann man auf die Amplitudengröße in Kieltiefe schließen. Die zu untersuchende Wasserhöhe muß um den Faktor $4\,\pi$ kleiner als die Flachwassergrenze (wie oben) $\frac{H}{\lambda} = \frac{1}{2}$ sein, d. h. $H = \frac{\lambda}{8\pi}$. Damit wird

$$\frac{r}{r_0} = e^{-\frac{2\pi}{8\pi}} = \frac{1}{\sqrt[4]{e}}$$

Die Wurzel aus $\mathfrak{Tg}\,\frac{2\,\pi H}{\lambda}$ bei den drei oben genannten kritischen Wasserhöhen (Abb. 21) gibt einen Maßstab für das Drosseln der Wellengeschwindigkeit zu flacher werdendem Wasser hin.

5.1 Wellenhöhe und Absenkung

Es ist bekannt, daß die Wellenamplituden freier Wellen auf flacher werdendem Wasser abnehmen. Nach Abb. 20 trifft es auch für die vom Schiff erzeugten Wellen zu. Abszisse und Ordinate sind hierin auf den Tiefgang bezogen worden. Als weitere Beeinflussungsgrößen für die Wellenhöhe erscheinen Parameter der Schiffsform. Eingetragen wurde der Völligkeitsgrad. Eine Vergleichsauftragung über dem Völligkeitsgrad ergibt Linearität, wenn man die Wellenhöhe auf die Kantenlänge des der Schiffsverdrängung inhaltsgleichen Würfels bezieht, Ebenfalls linear über δ verläuft die auf die gleiche Bezugsgröße umgerechnete maximale Absenkung der beiden untersuchten Modelle.

5.2 Spiegelveränderungen infolge der Trochoide

Von der Konstruktion der Trochoide her ist bekannt, daß das Wellental eine größere Längenausdehnung als der Wellenberg (Abb. 19) hat. Das ist gleichbedeutend mit einer Höhenverschiebung der Ruhewasserlinie nach unten um den Betrag

$$a = \frac{\pi \cdot r^2}{\lambda} \quad \text{mit} \quad 2\,\pi R = \lambda$$

für kreisförmige Teilchenbahnen wird

$$a_{tief} = \frac{r^2}{2\,R}$$

Bei den elliptischen Teilchenbahnen auf flachem Wasser muß sinngemäß (Abb. 19)

$$a_{flach} = \frac{AB}{2\,R}$$

werden.

Vergleicht man gleiche Wellenamplituden auf tiefem und flachem Wasser, d. h.

$$B = r$$

so verhalten sich die Absenkungen der Ruhewasserlinie

$$\frac{a_{flach}}{a_{tief}} = \frac{A}{B}$$

(Abb. 21 und 22). Damit wird die auf flacher werdendem Wasser verstärkte Absenkung eines auf den Wellen schwimmenden Schiffes auch durch die veränderte Wellenform verständlich. Die Tendenz der Kurve $\frac{A}{B}$ (Abb. 21) entspricht derjenigen der bei einer bestimmten Geschwindigkeit gemessenen Absenkung (Abb. 22).

5.3 Spiegelveränderungen infolge Wellenzahl

Vernachlässigt man vorübergehend die Trochoidenform, so vereinfacht sich die Überlegung, daß der vom Bug her bis zur wellenbildenden Länge sich ausbildende Wellenzug je nach Anzahl der halben Wellen (ob gerade oder ungerade) mit abnehmendem z immer bei den ungeraden das Schiff zunehmend anheben (Abb. 23) muß, während die KWL bei den geraden z-Zahlen wieder auf der Normal-Nulllinie liegt. Diese Beträge (Abb. 24) über der FROUDE-Zahl aufgetragen, ergeben einen der Widerstandskurven ähnlichen Verlauf.

5.4 Negative Wölbung

Die Resultierende der an einem vollumströmten Flügelprofil herrschenden Druckverteilung liefert den Auftrieb nach Größe und Richtung. Nach den Ergebnissen des Abs. 4.1 muß beim Schiff auf einen dynamischen Abtrieb geschlossen werden. Der Auftrieb schreibt sich

$$A = C_a \cdot \frac{\rho}{2} \cdot v^2 \cdot F$$

Das zusätzliche Eintauchen des schwimmenden Schiffes bewirkt einen statischen Auftrieb. Bei Bewegung des Schiffes ergibt sich für die Stromlinien in der Mittschiffssymmetrie-Ebene eine Skelettlinie, die durch die KWL-Punkte an Bug und Heck und am Hauptspant in einer Höhe zwischen KWL und Kiel verläuft. Daraus ergibt sich eine negative Skelettwölbung und ein Abtriebsdruck von

$$\frac{A}{F} = C_a \cdot \frac{\rho}{2} \cdot v^2 \qquad [kg/m^2]$$

Diese dynamische Kraft bewirkt offensichtlich ein Eintauchen des Schiffes über das statische Maß hinaus. Ihre Größenordnung ist leicht abzuschätzen (Abb. 25). Für vorkommende Wölbungen von $f/l = 0{,}02$ bis $0{,}03$ ergibt sich aus dem theoretischen Auftriebsbeiwert für voll umströmte Kreisbogenprofile

$$C_a = 2\,\pi\,\frac{\sin(\alpha + \beta)}{\cos\beta} \quad \text{worin} \quad \operatorname{tg}\beta = \frac{2f}{l}$$

und α der Anstellwinkel, f die Wölbungspfeilhöhe und l die Profillänge sind, ein c_a-Wert von etwa $c_a = 0{,}02$.

Gegenüber einem voll umströmten Profil verringert sich dieser Wert um ein geringes, da hier nur die Profilsaugseite vom Wasser angeströmt wird.

Da 1 kg/cm² = 10 m Wassersäule sind, ist 1 kg/m² = 1 mm WS.

Die Modelleintauchung bei $v = 2$ m/s beträgt demnach unter Vernachlässigung der Druckseitenwirkung 4 mm und stimmt in der Größenordnung mit den im vorliegenden Versuch festgestellten Differenzen zwischen den Modell- und Spiegelabsenkungen überein. Würde man die im Modellversuch gegenüber Wagen gemessenen Modellabsenkungen um den hier errechneten Eintauchungsbetrag verringern, so würde die neue Spiegelabsenkungskurve gegenüber der Feststellung in Abs. 4.1 etwa gleich große positive wie negative Maximalwerte erhalten. Der wirksame c_a-Wert eines Schiffes wird durch den Völligkeitsgrad des Schiffskörpers und der Hauptspantfläche beeinflußt. Für den angenommenen c_a-Wert würde die Eintauchung eines Schiffes bei

14 kn 52 mm,

20 kn 103 mm und

bei 26 kn 178 mm werden (Abb. 25).

Wenn die Größenordnung dieser Werte im Hinblick auf die Freibordvorschriften sehr hoch erscheint, so bleibt noch eine Ermäßigung in Betracht zu ziehen, die durch die muldenförmige Spiegelabsenkung (Abs. 4.1) entstehen kann, wenn man die Mulde sowohl für Längs- als auch Querrichtung annimmt (Abb. 27). Die in der gleichen Richtung wie die Eintauchung gekrümmte Ablenkung der Stromfäden führt zu einer Abminderung der wirksamen Skelettwölbung (Abb. 26), weil mittschiffs die wirkliche KWL-Linie nach unten gezogen wird.

Eine geringfügige, dem entgegengerichtete Wirkung hat die muldenförmige Wasseroberfläche auf den Völligkeitsgrad der Verdrängung. Die im allgemeinen durch ein Trapez anzunähernde Verdrängungsverteilung wird durch die Einwölbung der KWL in Mitte Schiff die Eintauchung wieder etwas vergrößern (Abb. 26).

6. Zusammenfassung

An Hand von Messungen wird nachgewiesen, daß sich der Wasserspiegel bei fahrenden Schiffen sowohl auf flachem als auch auf tiefem Wasser absenkt und die Schiffe darüber hinaus dynamisch in die Wasseroberfläche eintauchen. Es werden die verschiedenen Strömungserscheinungen, die zu einer Veränderung der Schwimmlage führen, erörtert. Als maßgebende Parametergrößen für die Schiffs- und Wasserspiegelabsenkung auf flachem Wasser werden außer der absoluten Wasserhöhe auch die Schiffslänge, die Konstruktionswasserlinienfläche und das Längentiefgangsverhältnis gefunden. Die Einzelfaktoren sind weiter zu untersuchen.

Die Vorbereitung, Durchführung und umfangreiche Auswertung der Versuche hat zum größten Teil in den Händen von Herrn Dipl.-Ing. Manfred Mühlbradt gelegen. Für die große Mühewaltung bei dieser Arbeit möchte ihm der Verfasser ganz besonders danken.

Prof. Dipl.-Ing. Wilhelm Sturtzel

(Bearbeiter) Dipl.-Ing. Hermann Schmidt-Stiebitz

7. Literaturverzeichnis

[1] Becker, E., Verformung der Wasseroberfläche durch eine punktförmige Störung. Scht. 10, S. 178.

[2] Braun, K. Th., Widerstand, Propulsion und Steuerung. In: Schiffbautechnisches Handbuch. VEB Verlag Technik, Berlin 1957.

[3] Kotschin, N. J., I. A. Kibel und N.W. Rose, Theoretische Hydromechanik. Band I, S. 383, Akademie-Verlag, Berlin 1954.

[4] Kreitner, J., Über den Schiffswiderstand auf beschränktem Wasser. WRH 1934/7, S. 77.

[5] Prandtl, L., Gesammelte Abhandlungen. Springer-Verlag 1961.

[6] Sturtzel, W., Kritische Längen für Wasserfahrzeuge. Antrittsvorlesung TH Aachen, 15. 2. 1955.

[7] Wagner, H., Über das Gleiten von Wasserfahrzeugen. Jahrbuch STG, 1932.

[8] Verfasser, in: Forschungsberichte des Landes Nordrhein-Westfalen Nr. 691, 746, 763, 774, 895 und in: Scht. 25 und Forts. zu Scht. 25, 28, 32, 42, Schiff und Hafen 1960/9.

M 198
Spt.
10
9 1/2
9
8
7
6
5
4 1/2
WL6
WL5
WL4
WL3
WL2
WL1
WL 1/2
0
1/2
1
2
3
4
4 1/2
102,5 mm
0
100
mm
200

Abb. 1

150 [mm]
100
50
[mm] 500
300
100
CWL 140
IV
III
Basis
5
6
4
7
3
8
2
9
1
10
0
M 228
Linienriß
0 25 50 100 mm
10
CWL 140
9 3/4
WL3
9 1/2
WL2
9
8 1/2
WL1
8
7
6
I
II
III IV
S. Deck
WL1
WL2
WL3

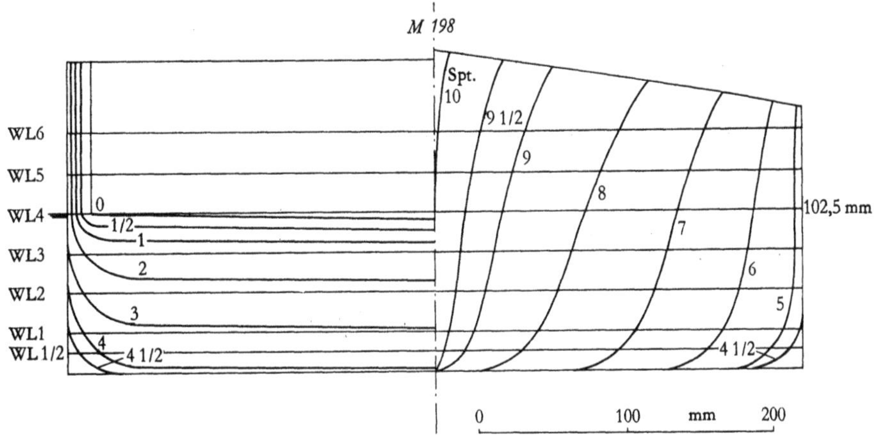

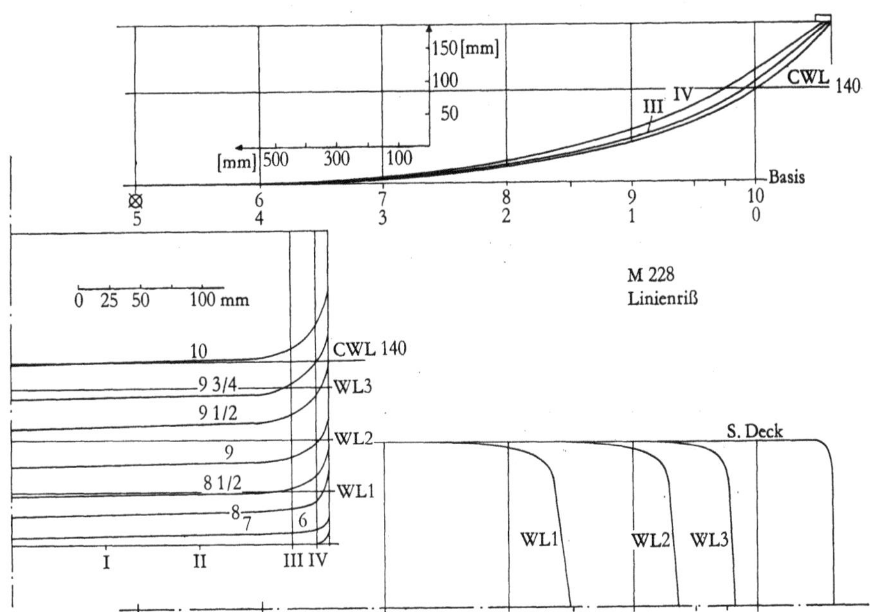

Abb. 2

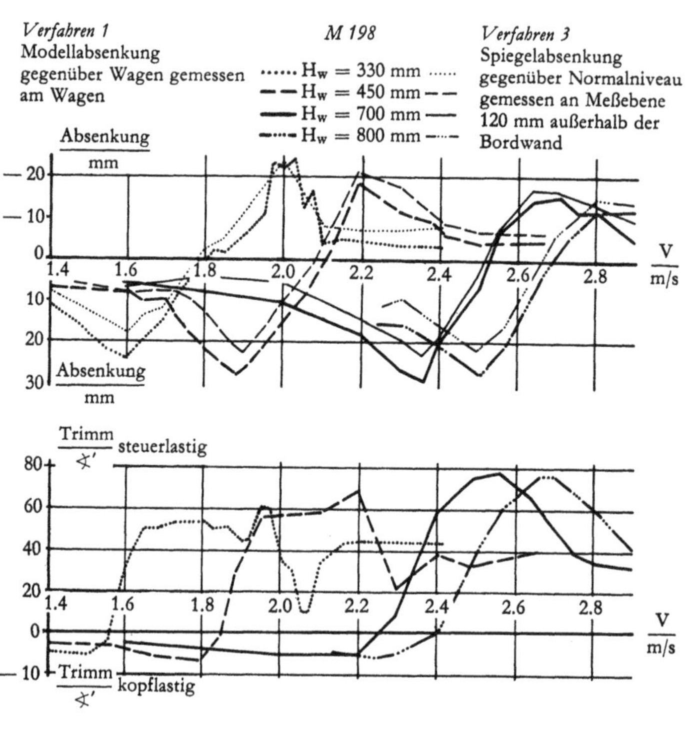

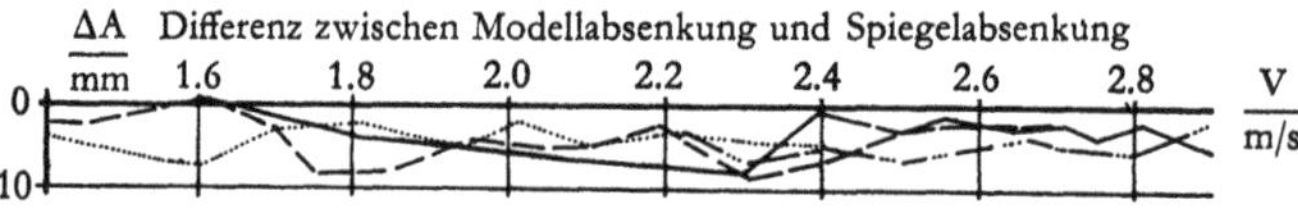

Verfahren 2

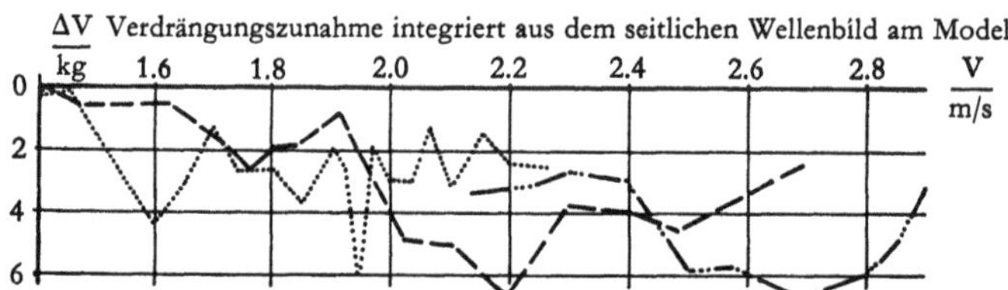

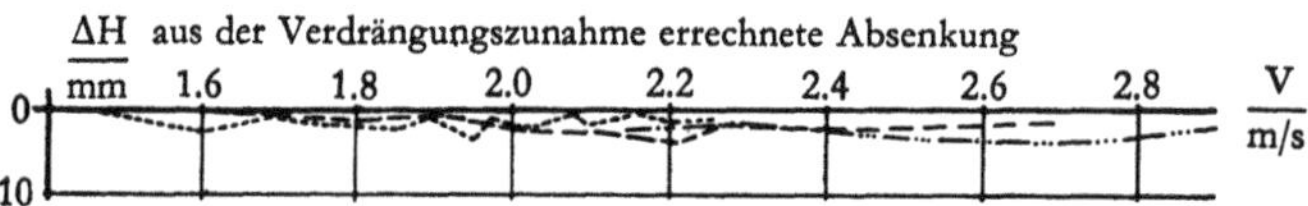

Abb. 3

M 198
Hw = 300 mm
Hw = 450 mm
Hw = 700 mm
Hw = 800 mm
W/kg
8
6
4
2
0
1.4
1.8
2.2
2.6
3.0
V m/s
VStau.
VStau.
VStau.
VStau.
Vkrit.
Vkrit.
Vkrit.
Vkrit.

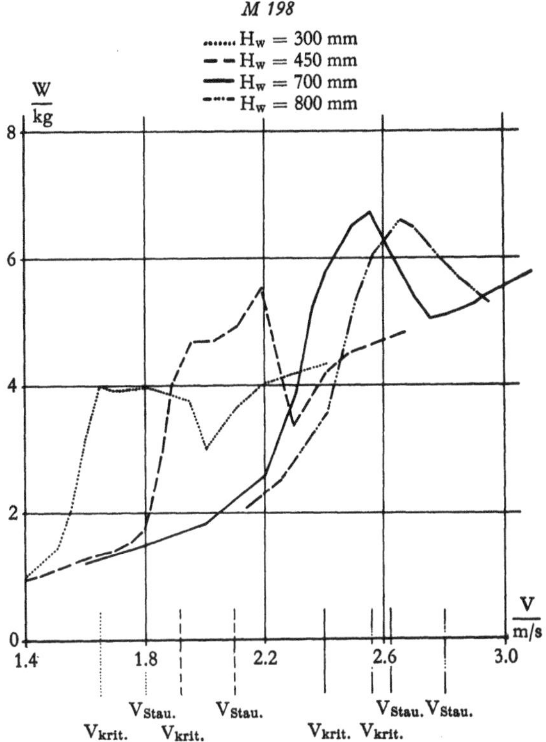

Abb. 4

M 198

Spiegelquerschnitte (über L_{WL} gemittelt) neben dem Modell

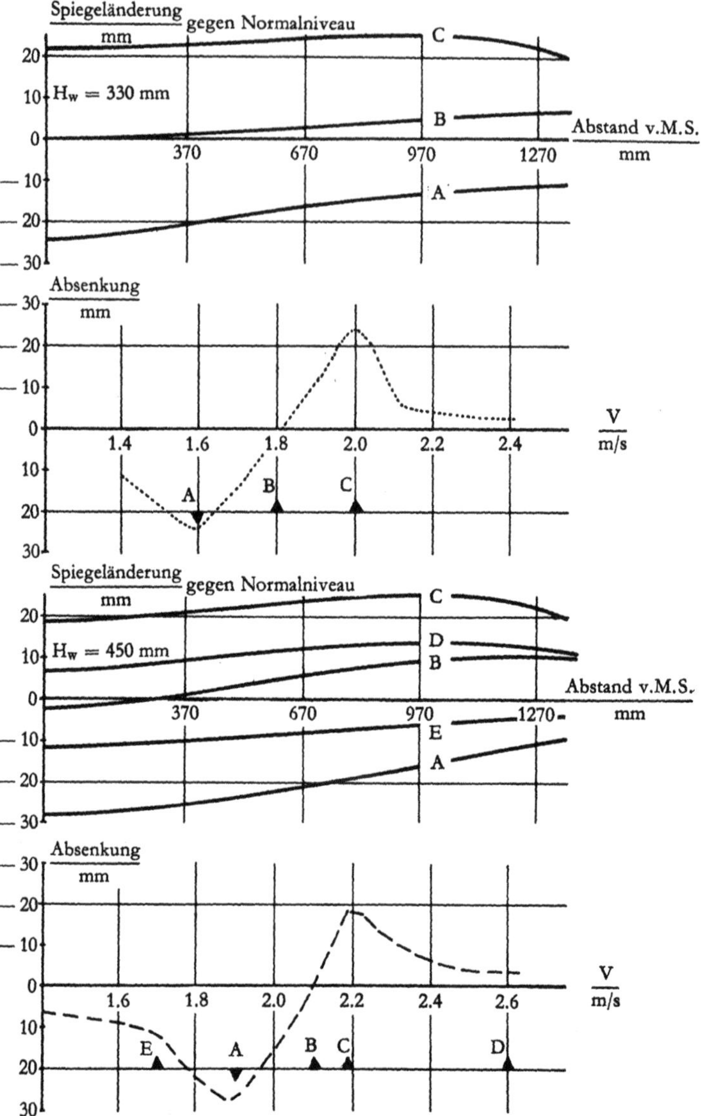

Abb. 5

M 198

Spiegelquerschnitte (über L_{WL} gemittelt) neben dem Modell

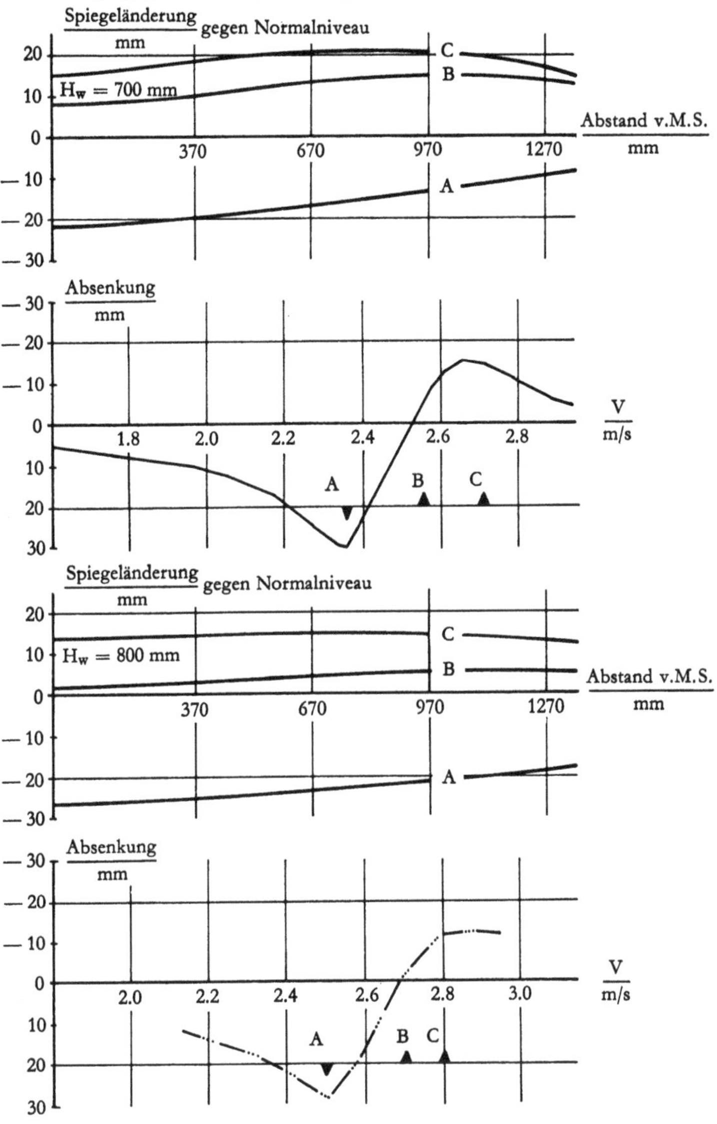

Abb. 6

Verfahren 1
Modellabsenkung gegenüber Wagen gemessen am Wagen
M 228
Verfahren 3
Spiegelabsenkung gegenüber Normalniveau gemessen an Meßebene 120 mm außerhalb der Bordwand
Hw = 330 mm
Hw = 450 mm
Hw = 600 mm
Hw = 700 mm
Absenkung
mm
1.2
1.4
1.6
1.8
2.0
2.2
2.4
V
m/s
0
10
20
30
40
Trimm
steuerlastig
100
80
60
40
20
0
1.0
ΔA Differenz zwischen Modellabsenkung und Spiegelabsenkung
mm
Verfahren 2
ΔV Verdrängungszunahme integriert aus dem seitlichen Wellenbild am Modell
gk
2
4
6
ΔH aus der Verdrängungszunahme errechnete Absenkung
mm

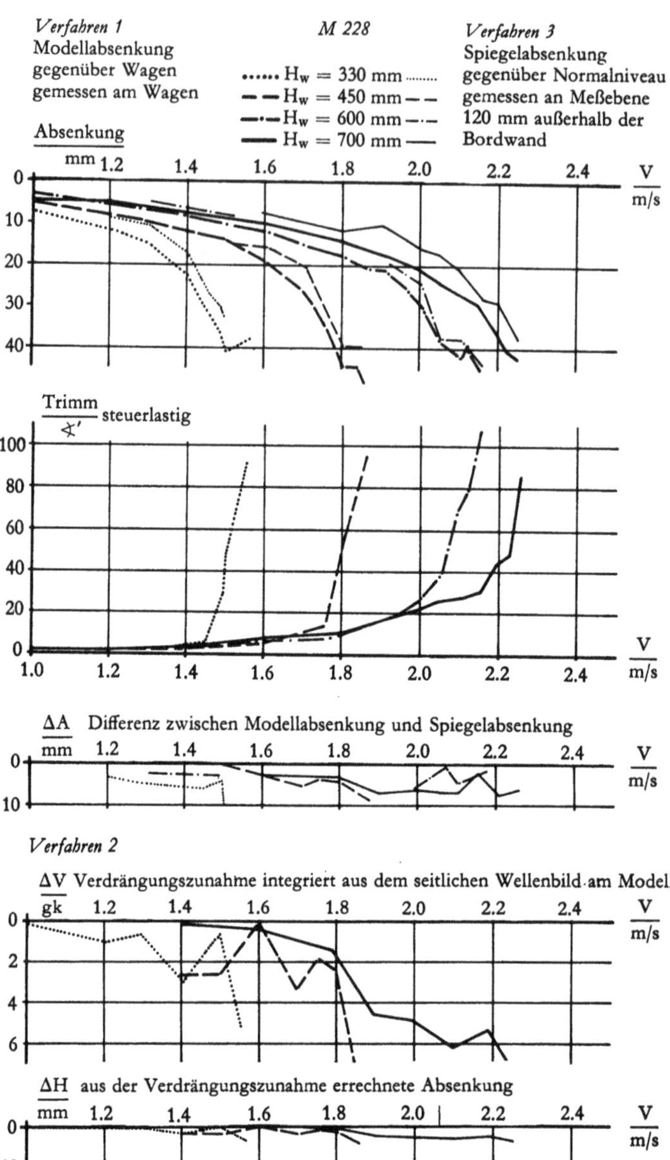

Abb. 7

M 228
H_w = 330 mm
H_w = 450 mm
H_w = 600 mm
H_w = 700 mm
W/kg
10
8
6
4
2
0
0.8
1.2
1.6
2.0
2.4
V/m/s

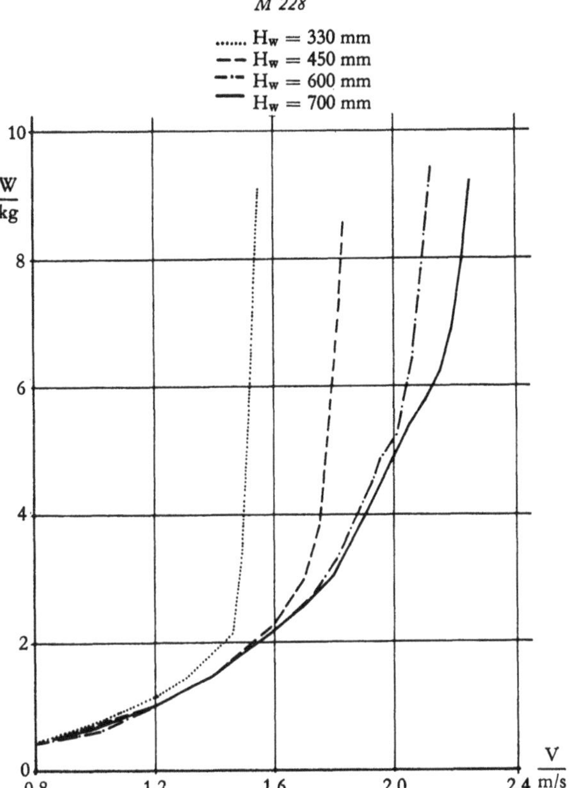

Abb. 8

M 198
M 228
ΔV Verdrängungszunahme
kg
1.5
1.7
1.9
2.1
2.3
2.5
2.7
2.9
V
m/s
0
2
4
6
8
Hw = 330 mm
Hw = 450 mm
Hw = 600 mm
Hw = 700 mm
Hw = 800 mm

M 198
ΔH
mm
Differenz zwischen Absenkung gemessen am Wagen und Peilstäben
20
10
0
4.
3.
2.
1.
A
Absenkung (+) max
Hw
mm
300
600
900
1200
B
Absenkung 0
C
Absenkung (—) max
1. 2. 3. 4. Peilstab

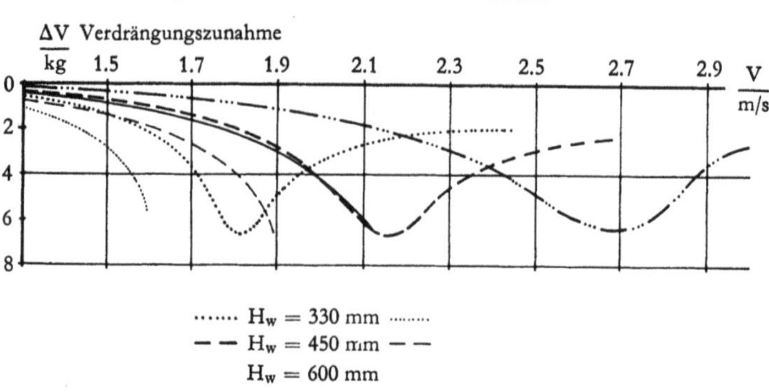

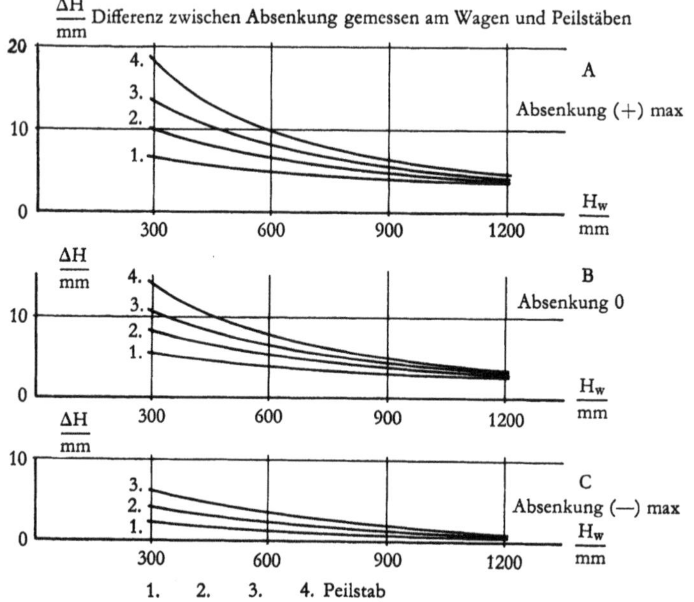

Abb. 9

M 198
Hw = 450 mm
Wellenbilder in der Meßebene 120 mm
außerhalb der Bordwand
h = 10 mm
1.754
1.797
1.84
1.89
1.915-Vkrit.
1.974
2.025
2.10 - Vstau.
2.19
V
m/s
2.296
LWL

Abb. 11

M 198
Hw = 330 mm
Wellenbilder in der Meßebene 120 mm
außerhalb der Bordwand
h = 10 mm
1.55
1.597
1.647–1.645 Vkrit.
1.699
1.80— Vstau.
1.854
1.949
2.06
2.10
V
m/s
LWL

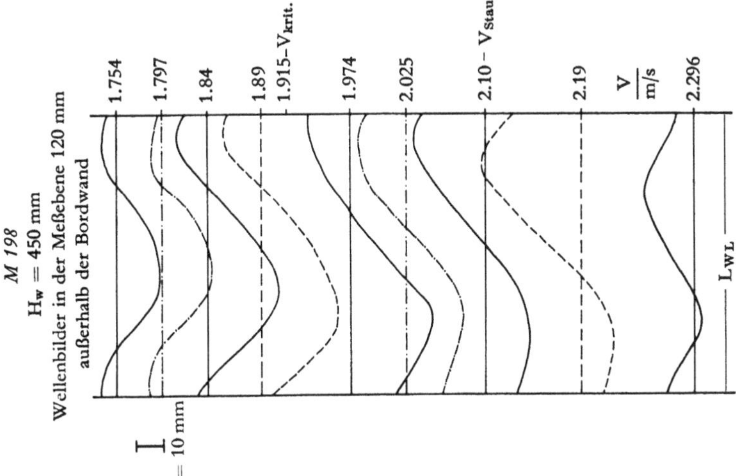

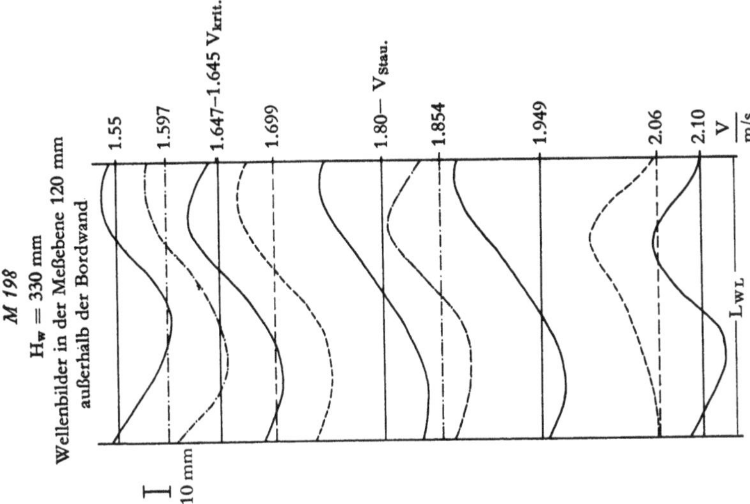

Abb. 10

M 198
H_w = 700 mm
Wellenbilder in der Meßebene 120 mm
außerhalb der Bordwand
h = 10 mm
2.30
2.36
2.40 – 2.395 $V_{krit.}$
2.50
2.55
2.62 – $V_{Stau.}$
2.64
2.705
2.75
2.805
V
m/s
L_{WL}

Abb. 12

M 198
H_w = 800 mm
Wellenbilder in der Meßebene 120 mm
außerhalb der Bordwand
h = 10 mm
2.398
2.50
2.558 – 2.56 $V_{krit.}$
2.651
2.699
2.798 – 2.80 $V_{Stau.}$
2.90
V
m/s
L_{WL}

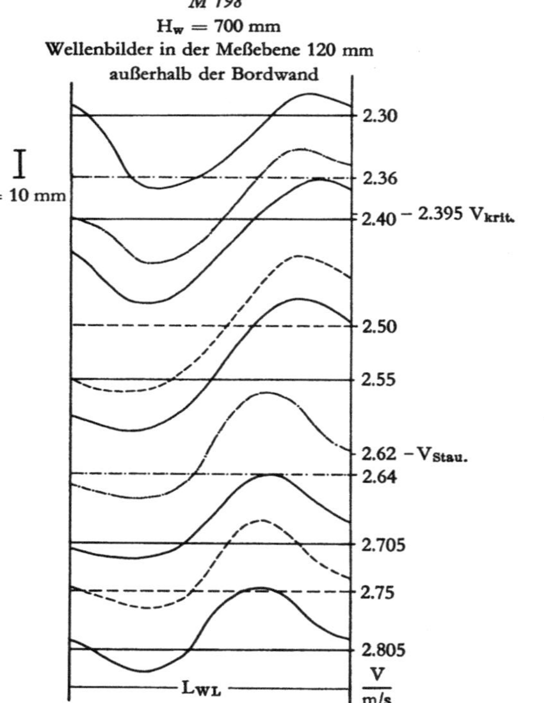

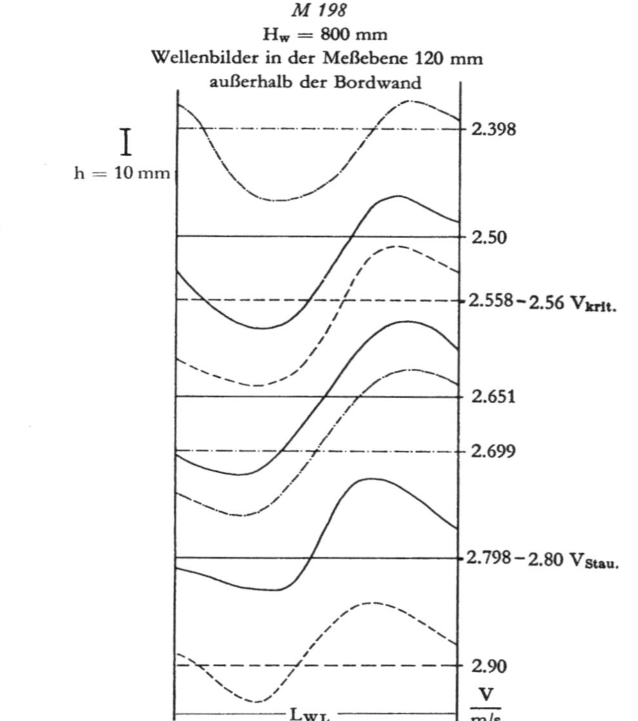

Abb. 13

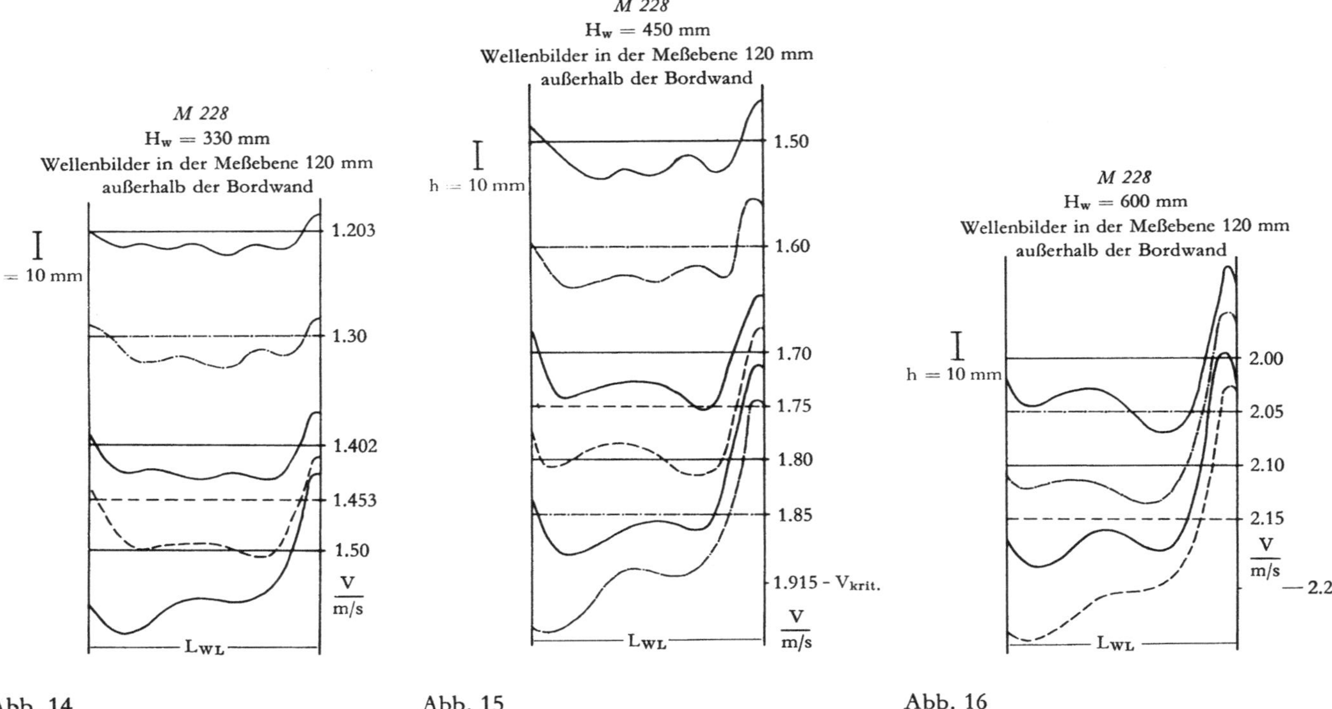

Abb. 14

Abb. 15

Abb. 16

M 228
$H_w = 700$ mm
Wellenbilder in der Meßebene 120 mm. außerhalb der Bordwand
h = 10 mm
1.80
1.901
2.00
2.05
2.10
2.15
2.20
2.25
V / m/s
L_{WL}

Abb. 17

Abnahme der Wellenamplituden mit der Tiefe $r = r_0 \cdot e^{-\frac{2\pi y}{\lambda}}$
$\frac{y}{\lambda}$
zur Tiefe hin
$1 \cdot 10^{-2}$
2
4
6
8
$1 \cdot 10^{-1}$
2
4
6
8
1
$e^{-\frac{1}{4}}$
T_g
e^{-1}
H_{St}
$e^{-\pi}$
$H_{fl.}$
$2 \cdot 10^{-3}$ 4 6 8 $1 \cdot 10^{-2}$ 2 4 6 8 $1 \cdot 10^{-1}$ 2 $\frac{r}{r_0}$ 4 6 8 1

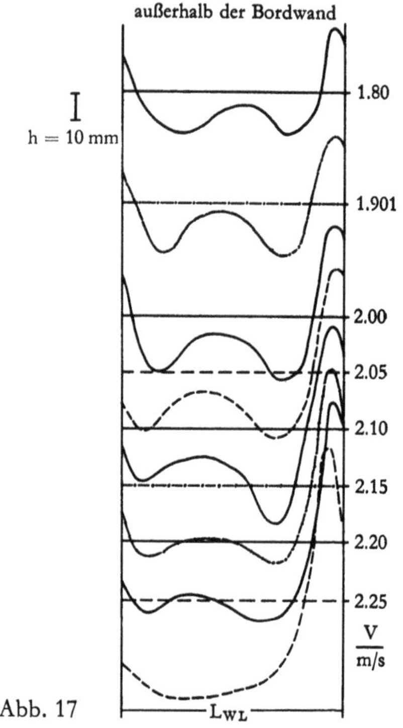

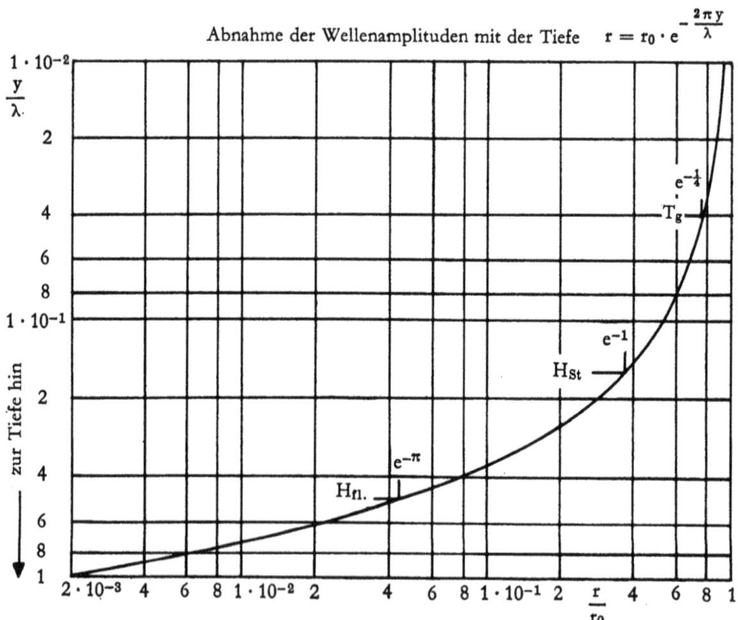

Abb. 18

Trochoide
x = R · Θ — r · sin Θ
y = r — r · cos Θ
Θ
x
a
r
R
y
Ruhewasserspiegel
L = 2 πR
bei B = r wird $\frac{a_{fl.}}{a_t} = \frac{A}{B}$
$a_t = \frac{\pi r^2}{L} = \frac{r^2}{2R}$
B
A
a
$a_{fl.} = \frac{AB}{2R}$

Abb. 19

1.5
1.0
0.5
0
hwelle / Tg
aus [8 Forts. Scht 25]
M 13 δ = 0,865
M 14 δ = 0,88
M 198 δ = 0,5
1
2
4
6
Hw / Tg
A / ∛V
10 · 10⁻²
5 · 10⁻²
mm⁻¹
hwelle / Tg · ∛V
bei Hw / Tg = 6
2 · 10⁻³
1 · 10⁻³
M 13
hwelle
A
M 198
M 228
M 198
0,5
δ
1,0

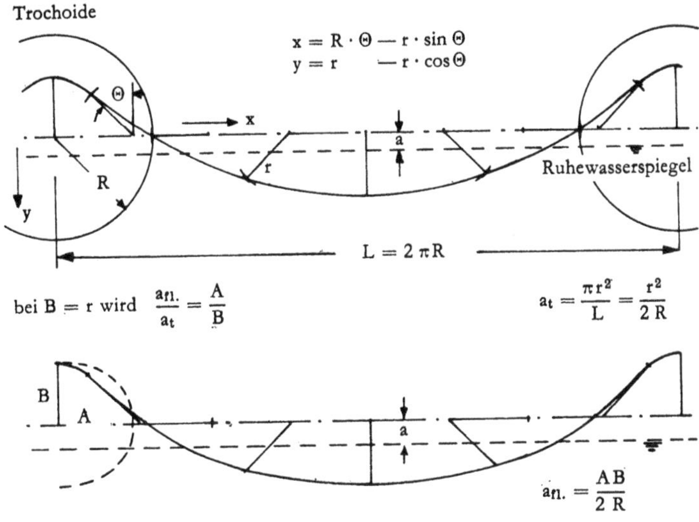

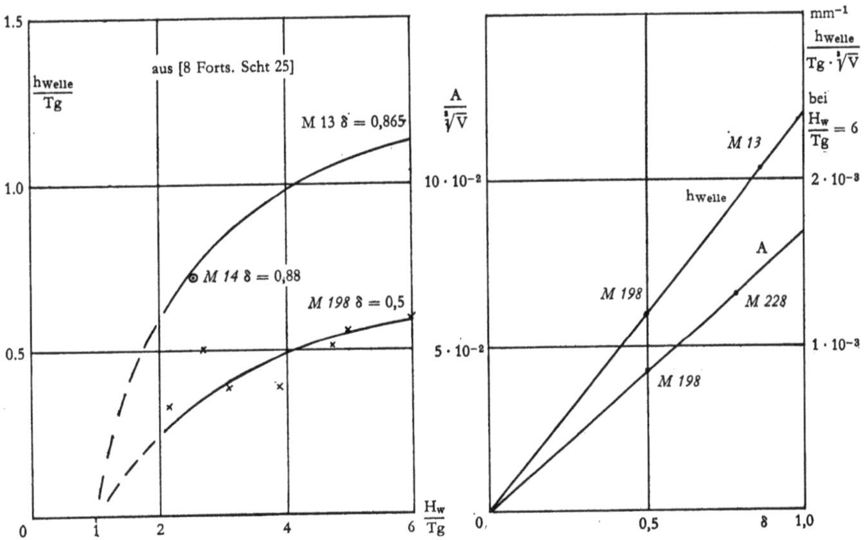

Abb. 20

A/B
A — B / A = 1 — B / A
B
A
[8]
aus FB 895
flach
tief
1
B/A = Tg 2 πH / λ
H_St 0.833
B/A
H_fl.
0,5
Tg
0
0,1
0,2
0,3
0,4
H/λ
0,5
4
A/B
3
2
1

Abb. 21

Absenkung, V = 0,9 m/s α = 10°
15
mm
10
5
nach [8]
FB 845
Scht. 42
0
1
2
4
6
8
10
12
H_w / Tg

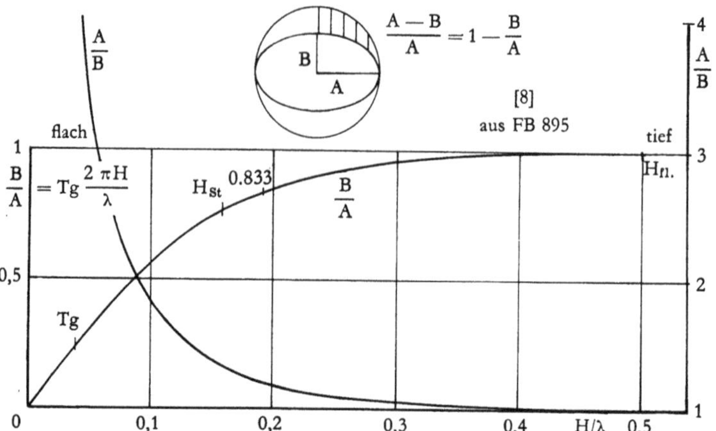

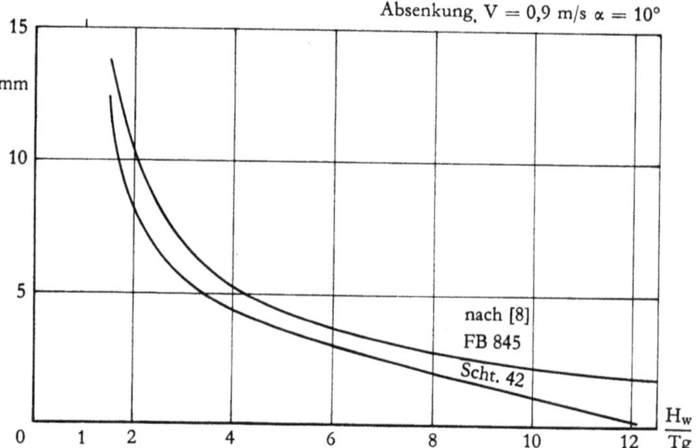

Abb. 22

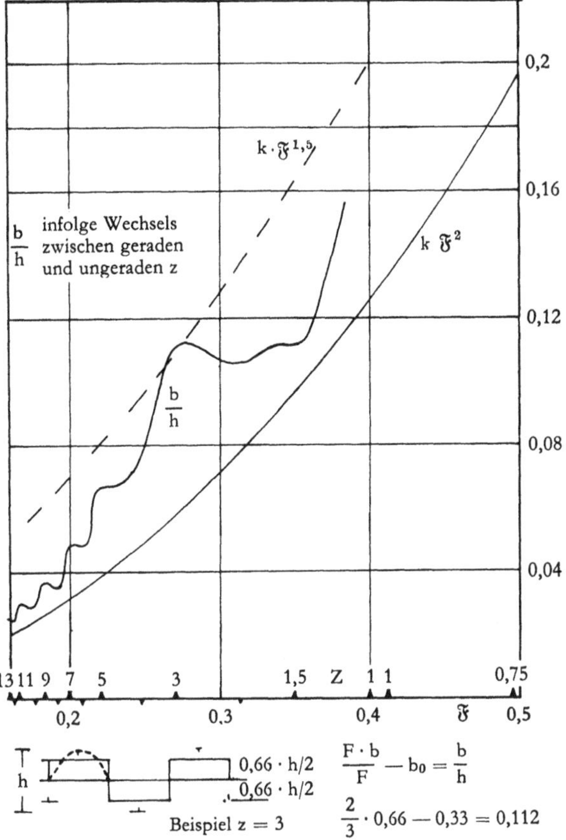

Abb. 23

$\mathfrak{F}$	z	b/h
0,16	13	0,0257
0,17	11	0,0305
0,18	9	0,0372
0,2	7	0,048
0,22	5	0,0666
0,27	3	0,112
0,35	1,5	0,112
0,4	1	0,333

Anheben des Schwimmkörpers durch ungerade Halbwellenzahl

Abb. 24

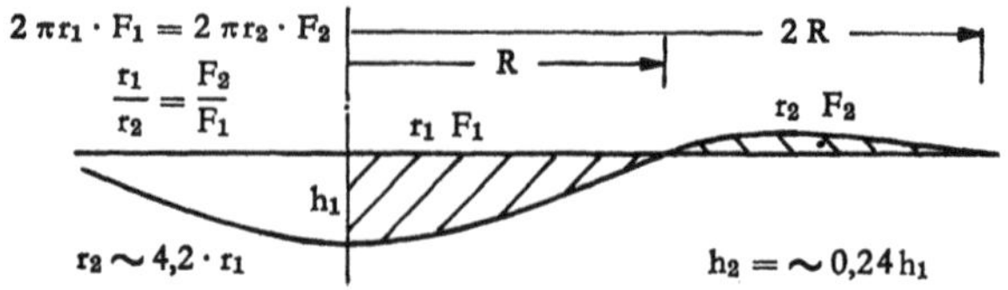

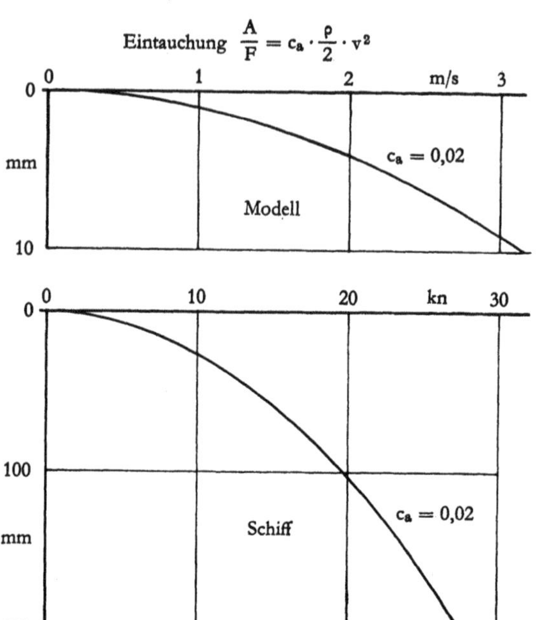

$2\pi r_1 \cdot F_1 = 2\pi r_2 \cdot F_2$
$\frac{r_1}{r_2} = \frac{F_2}{F_1}$
2 R
R
$r_1\ F_1$
$r_2\ F_2$
h_1
$r_2 \sim 4{,}2 \cdot r_1$
$h_2 = \sim 0{,}24\, h_1$

Eintauchung $\frac{A}{F} = c_a \cdot \frac{\rho}{2} \cdot v^2$
0
1
2
m/s
3
0
mm
10
$c_a = 0{,}02$
Modell
0
10
20
kn
30
0
100
mm
200
$c_a = 0{,}02$
Schiff

Oberflächenform
Boden
gewölbte Stromlinien infolge Oberfläche
$f_{geom.}$
$f_{dyn.}$
Skelettlinie
angenäherte
Verdrängungsverteilung

Abb. 25

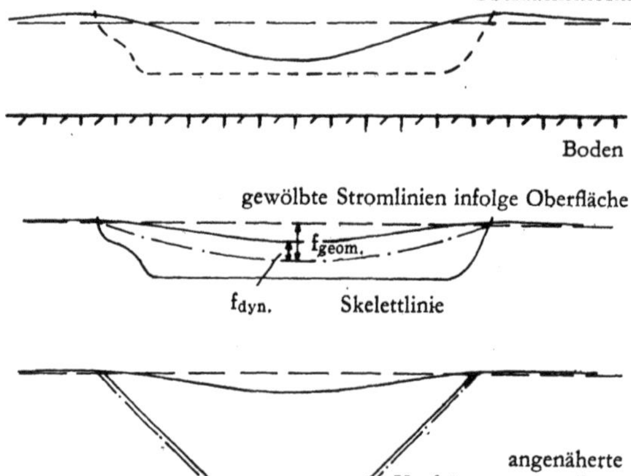

Abb. 26

FORSCHUNGSBERICHTE DES LANDES NORDRHEIN-WESTFALEN

Herausgegeben im Auftrage des Ministerpräsidenten Dr. Franz Meyers von Staatssekretär Prof. Dr. h. c. Dr.-Ing. E. h. Leo Brandt

SCHIFFBAU

HEFT 211
Prof. Dr.-Ing. W. Sturtzel und Dr.-Ing. W. Graff, Duisburg
Die Versuchsanstalt für Binnenschiffbau, Duisburg
1956, 48 Seiten, 22 Abb., 11,—

HEFT 333
Versuchsanstalt für Binnenschiffbau e. V., Duisburg
I. Der Flachwassereinfluß auf den Form- und Reibungswiderstand von Binnenschiffen
II. Der Flachwassereinfluß auf die Nachstrom- und Sogverhältnisse bei Binnenschiffen
1956, 44 Seiten, 14 Abb., DM 9,80

HEFT 366
Prof. Dipl.-Ing. W. Sturtzel und Dipl.-Ing. H. Schmidt-Stiebitz, Duisburg
Bei Flachwasserfahrten durch die Strömungsverteilung am Boden und an den Seiten stattfindende Beeinflussung des Reibungswiderstandes von Schiffen
1957, 96 Seiten, 39 Abb., 28 Tabellen, DM 20,40

HEFT 475
Prof. Dipl.-Ing. W. Sturtzel, Obering. K. Helm und Dipl.-Ing. H. Heuser, Duisburg
Systematische Ruderversuche mit einem Schleppkahn und einem Binnenselbstfahrer vom Typ „Gustav Koenigs"
1958, 70 Seiten, 38 Abb., 5 Tabellen, DM 20,10

HEFT 476
Prof. Dipl.-Ing. W. Sturtzel und Dipl.-Ing. H. Schmidt-Stiebitz, Duisburg
Einfuß der Hinterschiffsform auf das Manövrieren von Schiffen auf flachem Wasser
1958, 228 Seiten, 138 Abb., DM 54.—

HEFT 561
Prof. Dipl.-Ing. W. Sturtzel und Dipl.-Ing. H. Schmidt-Stiebitz, Duisburg
Verbesserung des Wirkungsgrades von Düsenpropellern durch zusätzlich angeordnete Mischdüsen
1959, 34 Seiten, 11 Abb., DM 9,60

HEFT 617
Prof. Dipl.-Ing. W. Sturtzel nnd Dr.-Ing. W. Graff, Duisburg
Systematische Untersuchungen von Kleinschiffsformen auf flachem Wasser im unter- und überkritischen Geschwindigkeitsbereich
1958, 48 Seiten, 23 Abb., 12 Tabellen, DM 13,60

HEFT 618
Prof. Dipl.-Ing. W. Sturtzel und Dr.-Ing. W. Graff, Duisburg
Untersuchungen der in stehendem und strömendem Wasser festgestellten Änderungen des Schiffswiderstandes durch Druckmessungen
1958, 34 Seiten, 21 Abb., DM 10,10

HEFT 691
Prof. Dipl.-Ing. W. Sturtzel und Dipl.-Ing. H. Schmidt-Stiebitz, Duisburg
Örtliche Geschwindigkeitsverteilung an den Seiten und am Boden von Schiffen bei Flachwasserfahrten
1959, 174 Seiten, 58 Abb., zahlr. Tabellen, DM 41,70

HEFT 746
Dipl.-Ing. H. Schmitz-Stiebitz, Duisburg
Untersuchung der das Wellenbild beim Übergang vom tiefen auf flaches Wasser beeinflussenden Faktoren
1959, 52 Seiten, 24 Abb., DM 14,80

HEFT 763
Dipl.-Ing. H. Schmidt-Stiebitz, Duisburg
Untersuchung über den Ausbreitungswinkel der Bug- und Heckwellen auf flachem Wasser
1959, 40 Seiten, 22 Abb., DM 12,40

HEFT 774
Dipl.-Ing. H. Schmidt-Stiebitz, Duisburg
Einfluß des Wellenbildes auf das Drehkreisverhalten von Flachwasserschiffen bei größeren Geschwindigkeiten
1959, 40 Seiten, 31 Abb., DM 13,10

HEFT 802
Dipl.-Ing. H. Schmidt-Stiebitz, Duisburg
Die Widerstandsverhältnisse miteinander verbundener getauchter und halbgetauchter Körper
1959, 54 Seiten, 25 Abb., DM 15,40

HEFT 815
Prof. Dipl.-Ing. W. Sturtzel, Obering. K. Helm und Dr.-Ing. E. Schäle, Duisburg
Versuche mit ummantelten Schraubenpropellern zur Ermittlung der Maßstab-Kennzahl
1959, 61 Seiten, DM 18,70

HEFT 845
Prof. Dipl.-Ing. W. Sturtzel und Dipl.-Ing. H. Schmidt-Stiebitz, Duisburg
Einflußlänge eines durch Kreisspant idealisierten Schiffskörpers bei der Fahrt durch einen offenen Kanal mit konzentrischem Kreisquerschnitt
1960, 67 Seiten, 36 Abb., DM 23,40

HEFT 852
Prof. Dipl.-Ing. W. Sturtzel und Dipl.-Ing. H. Schmidt-Stiebitz, Duisburg
Klärung des widerstandserhöhenden Effektes bei Talfahrt von Binnenschiffen
1960, 62 Seiten, 46 Abb., DM 18,20

HEFT 868
Prof. Dipl.-Ing. W. Sturtzel und Dipl.-Ing. H. H. Heuser, Duisburg
Widerstands- und Propulsionsmessungen für den Normalselbstfahrer Typ „Gustav Koenigs“
1960, 89 Seiten, 40 Abb., zahlr. Tabellen, DM 24,30

HEFT 895
Prof. Dipl.-Ing. W. Sturtzel und Dipl.-Ing. H. Schmidt-Stiebitz, Duisburg
Untersuchung von Mitteln zur Dämpfung der Bugwelle an Flachwasserschiffen
1960, 38 Seiten, 20 Abb., DM 11,90

HEFT 1054
Prof. Dipl.-Ing. W. Sturtzel, Dr.-Ing. W. Graff, Dipl.-Ing. K. Suhrbier, Versuchsanstalt für Binnenschiffbau e. V., Duisburg
Untersuchung der Erregung von mechanischen Schwingungen des Schiffskörpers auf flachem Wasser durch den Propeller
1961, 32 Seiten, DM 13,—

HEFT 1061
Prof. Dipl.-Ing. W. Sturtzel, Dr.-Ing. W. Graff, Schiffbau-Ing. W. Nussbaum, Versuchsanstalt für Binnenschiffbau e. V., Duisburg
Grundsätzliche Untersuchungen über die Stabilität von Schiffen im Drehkreis
1962, 21 Seiten, 8 Anlagen, DM 9,90

HEFT 1072
Prof. Dipl.-Ing. W. Sturtzel, Dr.-Ing. E. Schäle, Dipl.-Ing. H. Heuser, Versuchsanstalt für Binnenschiffbau e. V., Duisburg
Untersuchung der Manövriereigenschaften von geschobenen Fahrzeugen, die einzeln oder im Verband befördert werden, unter dem Einfluß von Strömung und Fahrwasserbeschränkung
In Vorbereitung

HEFT 1110
Prof. Dipl.-Ing. W. Sturtzel, Dipl.-Ing. H. Schmidt-Stieblitz, Versuchsanstalt für Binnenschiffbau e. V., Duisburg
Untersuchung der Wasserspiegelabsenkung um ein Flachwasserschiff

HEFT 1116
Prof. Dipl.-Ing. W. Sturtzel, Dipl.-Ing. U. Adam, Versuchsansalt für Binnenschiffbau Duisburg
Untersuchung der Wirkungsgradverbesserungen von Propellern, erstens bei kleinem und zweitens bei großem Fortschrittsgrad durch Ummantelung mit Spaltdrüsen
In Vorbereitung

Ein Gesamtverzeichnis der Forschungsberichte, die folgende Gebiete umfassen, kann bei Bedarf vom Verlag angefordert werden:
Azetylen / Schweißtechnik - Arbeitswissenschaft - Bau / Steine / Erden - Bergbau - Biologie - Chemie - Eisenverarbeitende Industrie - Elektrotechnik / Optik - Fahrzeugbau / Gasmotoren - Farbe / Papier / Photographie - Fertigung - Funktechnik / Astronomie - Gaswirtschaft - Hüttenwesen / Werkstoffkunde - Kunststoffe - Luftfahrt / Flugwissenschaften - Maschinenbau - Medizin / Pharmakologie / NE-Metalle - Physik - Schall / Ultraschall - Schiffahrt - Textiltechnik / Faserforschung / Wäschereiforschung - Turbinen - Verkehr - Wirtschaftswissenschaft.

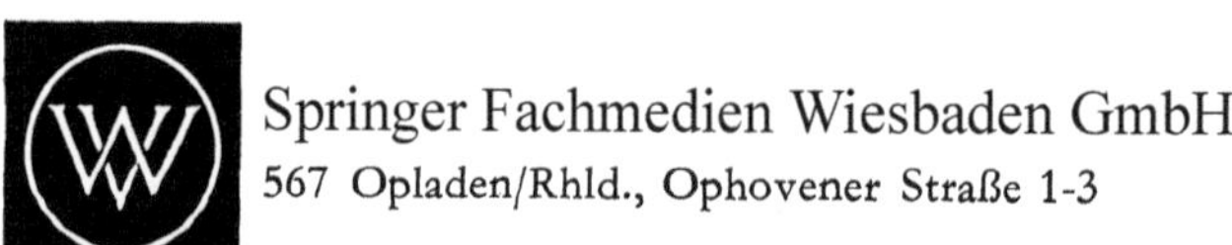

GPSR Compliance
The European Union's (EU) General Product Safety Regulation (GPSR) is a set of rules that requires consumer products to be safe and our obligations to ensure this.

If you have any concerns about our products, you can contact us on

ProductSafety@springernature.com

In case Publisher is established outside the EU, the EU authorized representative is:

Springer Nature Customer Service Center GmbH
Europaplatz 3
69115 Heidelberg, Germany

www.ingramcontent.com/pod-product-compliance
Ingram Content Group UK Ltd.
Pitfield, Milton Keynes, MK11 3LW, UK
UKHW061659190726
13853UKWH00008B/2294

9783663064626